So wird es gemacht:

Öffne das LÜK®-Kontrollgerät und lege die Plättchen in den unbedruckten Deckel! Jetzt kannst du auf den Plättchen und auf dem Geräteboden die Zahlen 1 bis 24 sehen.

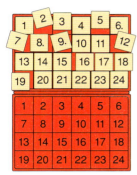

Beispiel: Seite 2
Wie viele Kinder sind es?
Schau dir das Bild an. Dort spielen Kinder verschiedene Spiele. Wie viele Kinder sind es bei jedem Spiel? Nimm das Plättchen 1 und stelle fest, wie viele Kinder in Bildausschnitt 1 tanzen! Es sind 4 Kinder. Bei den Lösungen findest du die Zahl 4 und darunter die Feldzahl 14. Lege also Plättchen 1 auf Feld **14** im Geräteboden! Die Zahl **1** soll nach oben zeigen.

1	2	3	4	5	6
7	8	9	10	11	12
13	1	15	16	17	18
19	20	21	22	23	24

So arbeitest du weiter, bis alle Plättchen im Geräteboden liegen. Schließe dann das Gerät und drehe es um! Öffne es von der Rückseite! Wenn du das bei der Übungsreihe abgebildete Kontrollmuster siehst, hast du alle Aufgaben richtig gelöst.

Passen einige Plättchen nicht in das Muster, dann hast du dort Fehler gemacht. Drehe diese Plättchen da, wo sie liegen, um, schließe das Gerät, drehe es um, und öffne es wieder! Jetzt kannst du sehen, welche Aufgaben du falsch gelöst hast. Nimm diese Plättchen heraus und suche die richtigen Ergebnisse! Kontrolliere dann noch einmal!
Stimmt jetzt das Muster?

Das System ist für alle Übungen dasselbe: Die roten Aufgabennummern im Heft entsprechen immer den LÜK-Plättchen aus dem Kontrollgerät. Die schwarzen Zahlen hinter den Lösungen sagen dir, auf welche Felder des Kontrollgerätes die Plättchen gelegt werden müssen.
Auf einigen Seiten ist die Kontrolle nach Lösung der Aufgaben 1 bis 12 oder 13 bis 24 möglich. Diese Seiten erkennt man an der Abbildung der geteilten Kontrollmuster. Lege dann auch nur die Plättchen 1 bis 12 bzw. 13 bis 24 in das Kontrollgerät.

Und nun viel Spaß!

> Dieses Papier wurde aus chlorfrei gebleichtem Zellstoff hergestellt

Wie viele?

Wie viele Kinder sind es?

Kinder	1	2	3	4	5	6
Feld	18	13	9	14	17	22

1 bis 6

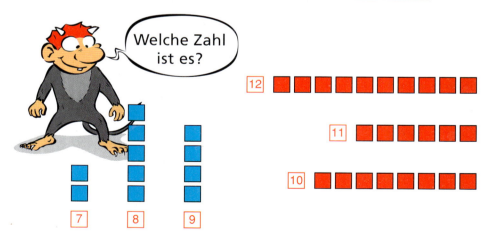

Welche Zahl ist es?

Zahl	2	4	5	6	8	10
Feld	6	21	2	1	10	5

7 bis 12

2

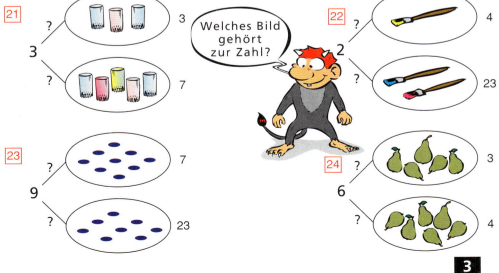

Suche das passende Bild zur Zahl!

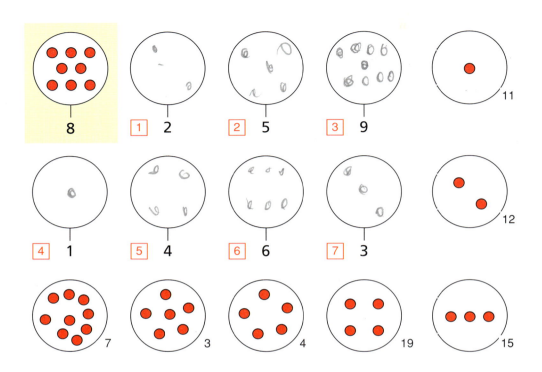

Welche Zahl gehört zum Bild?

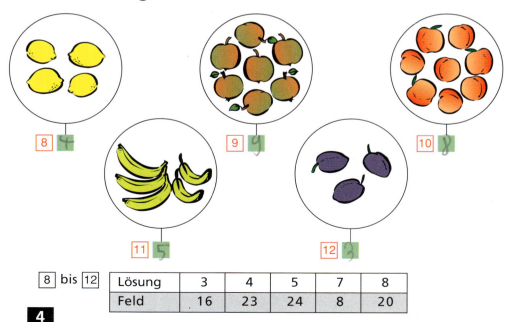

8	bis	12	Lösung	3	4	5	7	8
			Feld	16	23	24	8	20

4

Zerlegen

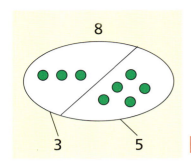
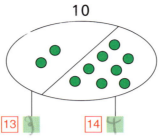
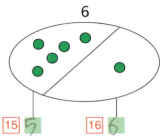

13 bis 20

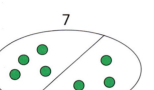

Lösung	Feld
0	18
1	6
2	5
3	2
4	22
5	1
8	9
9	21

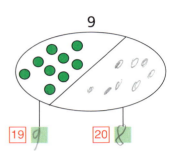

Wie heißt die Aufgabe?

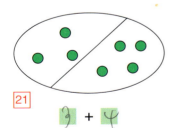
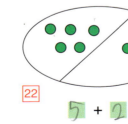

21 bis 24

Lösung	Feld
1+2	13
3+4	14
4+6	17
5+2	10

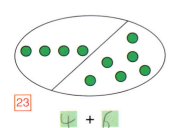
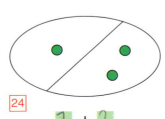

Addieren

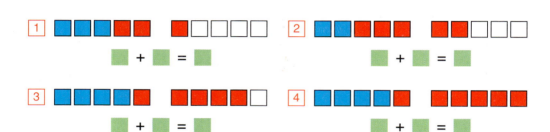

	1 bis 4			
Lösung	2 + 5 = 7	3 + 3 = 6	4 + 5 = 9	4 + 6 = 10
Feld	19	23	21	24

5	2 + 2 =		9	6 + 3 =
6	2 + 4 =		10	4 + 3 =
7	2 + 6 =		11	2 + 3 =
8	2 + 8 =		12	0 + 3 =

5 bis 12	
Lösung	Feld
3	13
4	16
5	17
6	20
7	15
8	14
9	22
10	18

6

1		
2		
3		
4		

Merkst du etwas?

1 bis 12

Lösung	Feld
1 + 3	16
2 + 4	24
3 + 5	19
4 + 6	15
1	12
2	4
3	8
4	20
6	7
7	23
8	11
9	3

5	2 + 4 =
6	3 + 4 =
7	4 + 4 =
8	5 + 4 =

9	3 + 1 =
10	2 + 1 =
11	1 + 1 =
12	0 + 1 =

13 bis 24

Lösung	Feld
4 + 3	13
5 + 2	22
5 + 5	21
6 + 4	17
2	9
3	1
4	5
5	6
6	2
7	10
8	14
10	18

13	+
14	+
15	+
16	+

17	3 + 2 =
18	5 + 3 =
19	2 + 2 =
20	4 + 3 =
21	1 + 5 =
22	2 + 8 =
23	0 + 2 =
24	1 + 2 =

7

Zerlegen

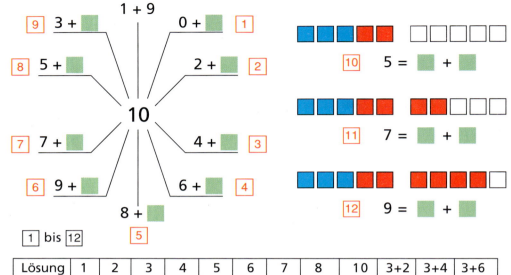

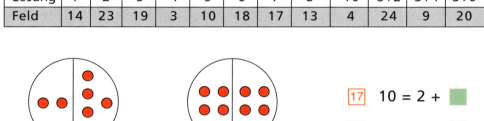

1 bis 12

Lösung	1	2	3	4	5	6	7	8	10	3+2	3+4	3+6
Feld	14	23	19	3	10	18	17	13	4	24	9	20

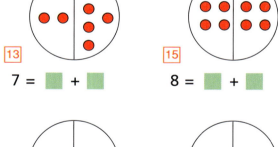

13 bis 24

Lösung	1+3	2+5	3+3	4+4	1	2	3	4	5	6	7	8
Feld	1	16	15	5	12	21	2	11	22	6	8	7

8

Vertauschen

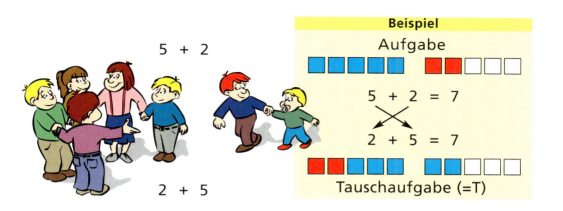

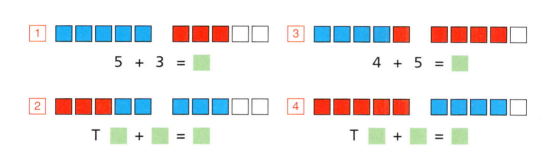

5	1 + 4 =		9	4 + 6 =	
6	T + =		10	T + =	

7	3 + 4 =		11	5 + 1 =	
8	T + =		12	T + =	

Lösung	Feld
5	17
6	16
7	13
8	21
9	23
10	24

Lösung	1+5=6	3+5=8	4+1=5	4+3=7	5+4=9	6+4=10
Feld	14	20	19	15	22	18

9

Subtrahieren

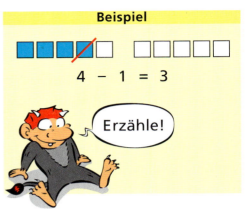

1 bis 4	Lösung	6 – 1 = 5	7 – 1 = 6	7 – 4 = 3	8 – 4 = 4
	Feld	4	6	1	5

5 8 – 2 =   9 10 – 8 =

6 8 – 3 =   10 9 – 8 =

7 8 – 4 =   11 10 – 3 =

8 8 – 5 =   12 10 – 2 =

5 bis 12	Lösung	1	2	3	4	5	6	7	8
	Feld	9	3	12	8	2	10	11	7

|1| ■ − ■
|2| ■ − ■
|3|  ■ − ■
|4|    ■ − ■

|1| bis |12|

Lösung	Feld
4 − 3	12
5 − 2	11
7 − 3	22
8 − 5	7
1	16
2	2
3	8
4	6
5	15
6	5
7	21
8	1

|5| 5 − 4 = ■
|6| 5 − 2 = ■
|7| 8 − 6 = ■
|8| 8 − 4 = ■

|9| 10 − 3 = ■
|10| 10 − 5 = ■
|11| 9 − 3 = ■
|12| 9 − 1 = ■

|13| bis |24|

Lösung	Feld
4 − 3	23
6 − 2	10
6 − 5	20
7 − 5	24
0	19
1	13
2	9
3	14
4	17
5	4
6	18
9	3

|13|  ■ − ■
|14|  ■ − ■
|15|  ■ − ■
|16|  ■ − ■

|17| 3 − 2 = ■
|18| 6 − 4 = ■
|19| 5 − 2 = ■
|20| 7 − 3 = ■
|21| 10 − 1 = ■
|22| 5 − 5 = ■
|23| 8 − 2 = ■
|24| 7 − 2 = ■

11

Vertauschen

Beispiel

Aufgabe

8 − 5 = 3
8 − 3 = 5

Tauschaufgabe (=T)

[1] 7 − 4 =
[2] T ☐ − ☐ =

[3] 5 − 3 =
[4] T ☐ − ☐ =

[5] 10 − 6 =
[6] T ☐ − ☐ =

[7] 9 − 2 =
[8] T ☐ − ☐ =

[9] 8 − 3 =
[10] T ☐ − ☐ =

[11] 6 − 5 =
[12] T ☐ − ☐ =

Lösung	Feld
1	6
2	4
3	11
4	10
5	3
7	1
5−2=3	12
6−1=5	2
7−3=4	7
8−5=3	9
9−7=2	5
10−4=6	8

Probeaufgaben

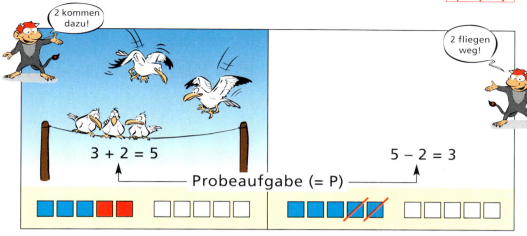

1	8 + 2 = ▧
2	P ▧ − ▧ = ▧

3	4 + 4 = ▧
4	P ▧ − ▧ = ▧

5	6 + 3 = ▧
6	P ▧ − ▧ = ▧

7	6 − 3 = ▧
8	P ▧ + ▧ = ▧

9	7 − 1 = ▧
10	P ▧ + ▧ = ▧

11	3 − 1 = ▧
12	P ▧ + ▧ = ▧

Lösung	Feld
2	6
3	1
6	9
8	10
9	3
10	12

2 + 1 = 3 2
9 − 3 = 6 7
8 − 4 = 4 11
3 + 3 = 6 5
6 + 1 = 7 4
10 − 2 = 8 8

13

Drei Zahlen addieren

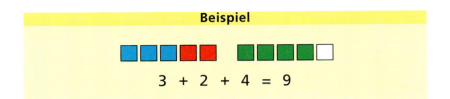

3 + 2 + 4 = 9

5 1 + 1 + 1 =
6 1 + 1 + 2 =
7 2 + 1 + 2 =
8 2 + 2 + 2 =

9   4 + 2 + 4 =
10 3 + 2 + 4 =
11 3 + 2 + 3 =
12 2 + 3 + 2 =

Lösung	Feld
3	4
4	7
5	2
6	6
7	1
8	5
9	3
10	10

2 + 3 + 4 12
2 + 5 + 2 11
6 + 1 + 2 9
3 + 1 + 5 8

Die Zahlenreihe

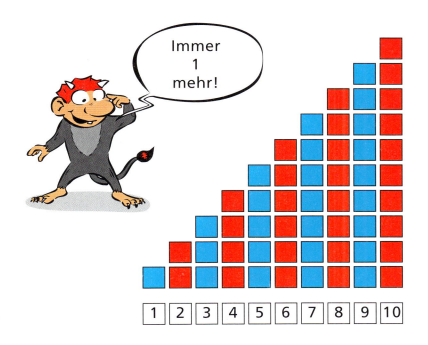

Welche Zahl steht

[1] vor 9?
[2] vor 2?
[3] vor 6?
[4] vor 5?
[5] hinter 6?
[6] hinter 9?
[7] hinter 2?
[8] hinter 5?

Welche Zahlen stehen

[9] zwischen 3 und 6?
[10] zwischen 7 und 10?
[11] zwischen 1 und 4?
[12] zwischen 4 und 7?

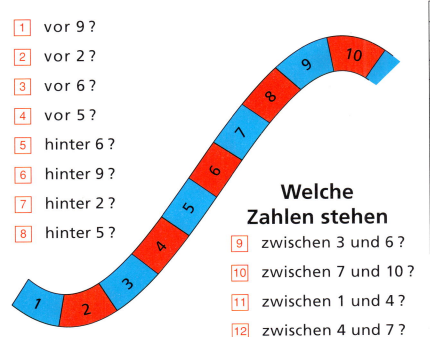

Lösung	Feld
1	15
3	21
4	18
5	14
6	23
7	19
8	17
10	16
2, 3	24
4, 5	13
5, 6	22
8, 9	20

Größer oder kleiner

16

Sind die Zahlen größer oder kleiner? Wähle aus!

13	14	15	16	17	18
3 ▪ 2	2 ▪ 3	5 ▪ 6	8 ▪ 10	7 ▪ 5	4 ▪ 6
> 12 | < 10	> 11 | < 8	> 20 | < 10	> 9 | < 11	> 20 | < 19	> 24 | < 9

19	20	21	22	23	24
6 ▪ 7	10 ▪ 1	1 ▪ 2	5 ▪ 3	9 ▪ 8	3 ▪ 9
> 22 | < 19	> 24 | < 7	> 23 | < 22	> 7 | < 21	> 23 | < 10	> 11 | < 21

Der wievielte Preis ist es?

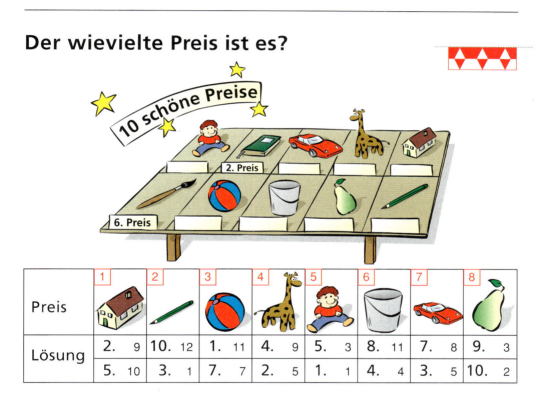

Welche Zahlen fehlen?

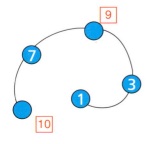

9 bis 12	
Lösung	Feld
4	4
5	8
8	6
9	2

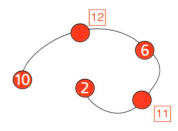

Zehn dazu

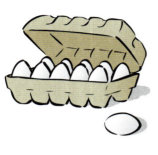

Beispiel

1 + 3 = 4

11 + 3 = 14

1 bis 12

Lösung	Feld
5	7
6	17
7	12
9	4
12	3
14	23
15	9
16	10
17	20
18	14
19	1
20	6

1 2 + 3 =
2 12 + 3 =
3 3 + 4 =
4 13 + 4 =
5 1 + 5 =
6 11 + 5 =
7 7 + 2 =
8 17 + 2 =
9 13 + 1 =
10 16 + 4 =
11 11 + 7 =
12 12 + 0 =

13 bis 24

Lösung	Feld
1	19
2	11
3	15
5	16
10	5
11	22
12	8
13	24
14	2
15	13
17	21
18	18

13 4 − 3 =
14 14 − 3 =
15 6 − 4 =
16 16 − 4 =
17 5 − 2 =
18 15 − 2 =
19 8 − 3 =
20 18 − 3 =
21 17 − 7 =
22 20 − 3 =
23 19 − 5 =
24 18 − 0 =

Beispiel

4 + 11 = 15

11 + 4 = 15

Die Tauschaufgabe ist einfacher!

1 bis 12

Lösung	Feld
3	5
4	17
11	9
12	1
13	21
14	18
15	13
16	10
17	22
18	2
19	14
20	6

1 3 + 10 = 10 + 3 =
2 2 + 13 = 13 + 2 =
3 3 + 11 =
4 3 + 14 =
5 5 + 15 =
6 3 + 16 =
7 6 + 12 =

8 5 + 11 =
9 11 + ☐ = 15
10 ☐ + 13 = 16
11 ☐ + 4 = 15
12 6 + ☐ = 18

13 bis 24

Lösung	Feld
3	19
4	4
8	12
11	11
13	3
14	8
15	20
16	24
17	7
18	15
19	23
20	16

13 10 + 10 =
14 11 + 4 =
15 13 + 3 =
16 12 + 6 =
17 4 + 13 =
18 5 + 14 =

19 16 − 2 =
20 18 − 5 =
21 19 − 8 =
22 12 + ☐ = 15
23 14 + ☐ = 18
24 11 + ☐ = 19

19

Rund um die Zehn

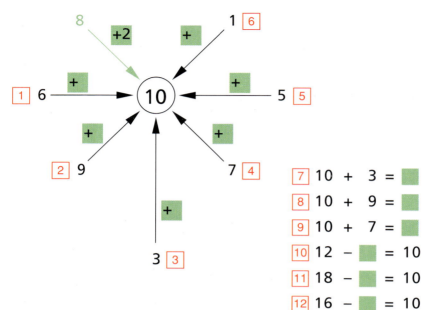

|7| 10 + 3 = ▩
|8| 10 + 9 = ▩
|9| 10 + 7 = ▩
|10| 12 − ▩ = 10
|11| 18 − ▩ = 10
|12| 16 − ▩ = 10

|1| bis |12|

Lösung	Feld
1	17
2	19
3	4
4	3
5	20
6	23
7	14
8	9
9	18
13	24
17	13
19	10

|13| 10 − 5 = ▩
|14| 10 − 7 = ▩
|15| 10 − 2 = ▩
|16| 4 + ▩ = 10
|17| 6 + ▩ = 10
|18| 9 + ▩ = 10

|19| 17 − ▩ = 10
|20| 20 − ▩ = 10
|21| 19 − ▩ = 10
|22| 10 + 4 = ▩
|23| 10 + 8 = ▩
|24| 10 + 10 = ▩

|13| bis |24|

Lösung	Feld
1	1
3	6
4	11
5	16
6	15
7	12
8	2
9	7
10	21
14	5
18	22
20	8

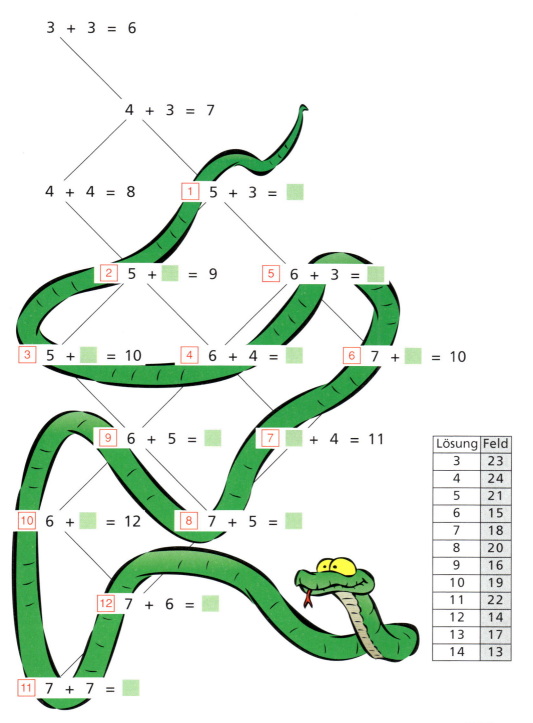

Verdoppeln und Fastverdoppeln

1	6 + 6 =
2	8 + 8 =
3	5 + 5 =
4	9 + 9 =
5	7 + 7 =
6	10 + 10 =

7	12 = +
8	18 = +
9	10 = +
10	20 = +
11	16 = +
12	14 = +

1 bis 12

Lösung	Feld
10	7
12	12
14	1
16	9
18	11
20	10
5+5	8
6+6	21
7+7	22
8+8	6
9+9	5
10+10	2

13	6 + 5 =
14	7 + 8 =
15	9 + 10 =
16	7 + 6 =
17	5 + 4 =
18	9 + 8 =

19	13 = +
20	17 = +
21	9 = +
22	19 = +
23	11 = +
24	15 = +

13 bis 24

Lösung	Feld
9	15
11	23
13	24
15	3
17	20
19	19
5+4	14
6+5	17
7+6	16
8+7	13
9+8	18
10+9	4

22

Zwölf Bilder –
Welche Aufgaben passen dazu?

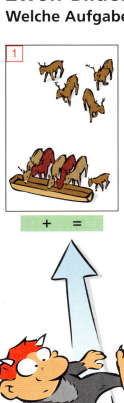
1 + =

2 + =

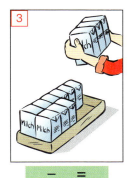
3 − =

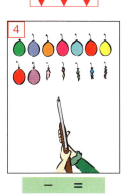
4 − =

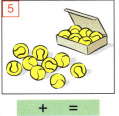
5 + =

6 + =

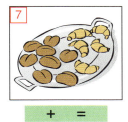
7 + =

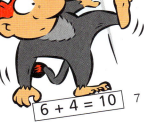
8 − =

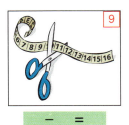
9 − =

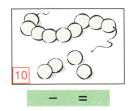
10 − =

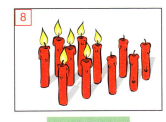
11 + =

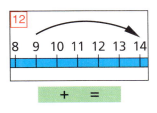
12 + =

6 + 4 = 10	7
3 + 8 = 11	2
7 + 4 = 11	10
8 + 4 = 12	9
8 + 5 = 13	3
9 + 5 = 14	4
9 + 6 = 15	5
11 − 4 = 7	1
12 − 3 = 9	12
13 − 4 = 9	6
14 − 5 = 9	8
16 − 6 = 10	11

23

Immer erst zur 10

8 + 2 + 2

1	8 + 4 =	
2	6 + 5 =	
3	9 + 9 =	
4	5 + 8 =	
5	7 + 8 =	
6	8 + 6 =	
7	7 + 9 =	
8	9 + 8 =	

9	9 + ⬜ = 13	
10	8 + ⬜ = 14	
11	3 + ⬜ = 11	
12	7 + ⬜ = 12	

1 bis 12

Lösung	Feld
4	5
5	14
6	18
8	3
11	1
12	10
13	9
14	2
15	17
16	13
17	4
18	6

13	12 − 3 =	
14	11 − 4 =	
15	13 − 7 =	
16	14 − 9 =	
17	16 − 8 =	
18	12 − 8 =	
19	20 − 10 =	
20	11 − 9 =	

21	12 − 11 =	
22	14 − 14 =	
23	⬜ − 1 = 13	
24	⬜ − 3 = 9	

13 bis 24

Lösung	Feld
0	8
1	23
2	16
4	12
5	21
6	11
7	7
8	19
9	22
10	20
12	24
14	15

Beispiel

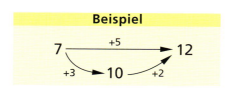

Beispiel

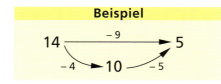

Lösung	Feld
3	14
4	17
5	13
6	22
7	23
8	15
9	18
11	24
12	19
13	21
14	16
17	20

25

Rund um die 14

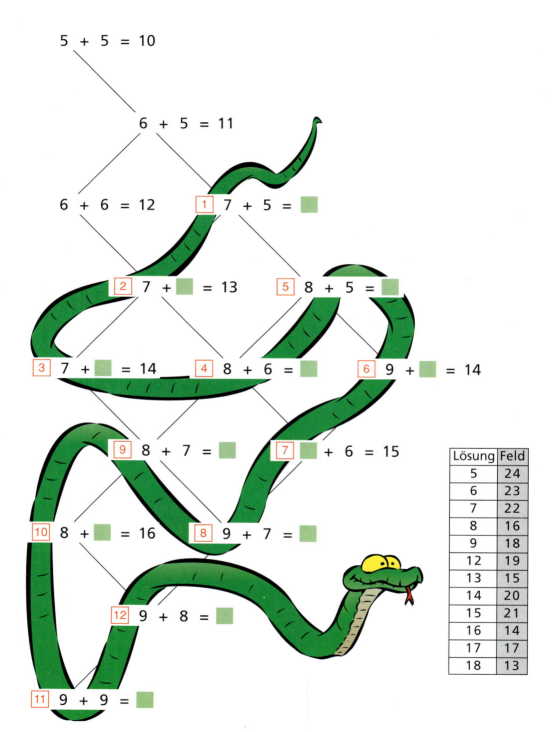

Lösung	Feld
5	24
6	23
7	22
8	16
9	18
12	19
13	15
14	20
15	21
16	14
17	17
18	13

26

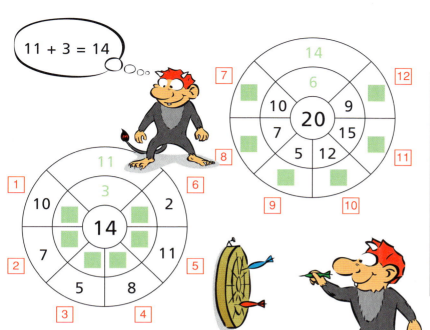
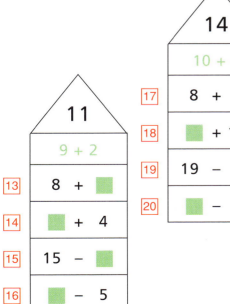
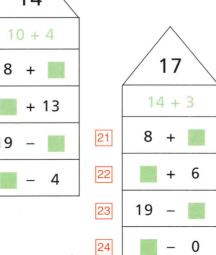

Tabellen

1 bis 12

Lösung	Feld
6	5
7	15
8	6
9	17
11	21
12	1
13	14
14	18
15	16
16	13
17	2
18	22

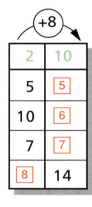

+9

1	10
3	9
8	10
0	11
12	16

13 bis 24

Lösung	Feld
8	23
10	11
12	10
13	4
14	3
15	9
16	8
17	12
18	20
19	24
21	19
23	7

	+ 4	+ 6	+ 9	+ 11
4	13	16	19	22
8	14	17	20	23
12	15	18	21	24

28

13 bis 24	
Lösung	Feld
0	18
2	22
4	24
5	20
6	21
9	19
14	9
16	17
18	10
19	13
20	23
23	14

	+ 7	+ 11	− 3	− 7
7	13	16	19	22
9	14	17	20	23
12	15	18	21	24

1 bis 12	
Lösung	Feld
3	1
4	6
5	16
6	3
7	11
8	8
9	5
10	7
11	2
12	4
13	12
15	15

29

Bunt gemischt

1 bis 12

1	2 + 7 = ▇
2	13 + 4 = ▇
3	3 + 9 = ▇
4	16 + 0 = ▇
5	8 − 5 = ▇
6	17 − 6 = ▇
7	14 − 8 = ▇
8	12 −12 = ▇
9	3 + ▇ = 7
10	12 + ▇ = 19
11	▇ + 4 = 17
12	▇ + 2 = 20

Lösung	Feld
0	2
3	16
4	22
6	6
7	15
9	8
11	11
12	21
13	1
16	7
17	12
18	5

1	2 + 3 + 4 = ▇
2	4 + 4 + 4 = ▇
3	5 + 6 + 7 = ▇
4	3 + 8 + 6 = ▇
5	6 + 5 + 2 = ▇
6	4 + 1 + 3 = ▇
7	5 + 3 + 6 = ▇
8	9 + 4 + 7 = ▇
9	6 + 7 + 6 = ▇
10	3 + 5 + 8 = ▇
11	5 + 1 + 9 = ▇
12	1 + 3 + 7 = ▇

1 bis 12

Lösung	Feld
8	15
9	23
11	4
12	16
13	7
14	3
15	12
16	8
17	24
18	20
19	19
20	11

13	3 + 2 + 1 = ▇
14	6 + 6 + 6 = ▇
15	9 + 5 + 1 = ▇
16	0 + 0 + 0 = ▇
17	8 + 5 + 7 = ▇
18	1 + 6 + 5 = ▇
19	2 + 3 +11 = ▇
20	1 + 4 + 8 = ▇
21	6 + 9 + 4 = ▇
22	7 + 4 + 6 = ▇
23	9 + 3 + 2 = ▇
24	2 + 5 + 4 = ▇

13 bis 24

Lösung	Feld
0	18
6	17
11	2
12	14
13	5
14	6
15	13
16	9
17	22
18	21
19	1
20	10

13 bis 24

Lösung	Feld
3	17
5	4
6	13
7	9
9	14
11	20
12	18
13	23
14	24
15	3
18	10
19	19

13 2 + 9 =
14 6 + 8 =
15 11 + 7 =
16 5 +14 =
17 17 − 5 =
18 13 − 6 =
19 11 − 8 =

20 16 − 7 =
21 14 + ▢ = 19
22 3 + ▢ = 16
23 19 − ▢ = 13

24 17 − ▢ = 2

1 bis 12

Lösung	Feld
2	17
3	1
4	6
6	15
8	16
9	2
11	18
13	3
15	4
18	14
19	5
20	13

1 13 + 5 =
2 13 − 5 =
3 13 + ▢ = 15
4 12 + 8 =
5 12 − 8 =
6 12 + ▢ = 18
7 7 + 8 =
8 17 − 8 =
9 7 + ▢ = 18
10 3 +16 =
11 16 − 13 =
12 3 + ▢ = 16

13 bis 24

Lösung	Feld
3	23
4	19
5	8
7	11
9	22
11	10
13	20
14	12
15	7
16	21
18	24
19	9

13 6 + 7 =
14 14 − 5 =
15 12 + 6 =
16 20 −16 =
17 4 + 7 =
18 17 −14 =
19 11 + 8 =

20 16 −11 =
21 9 + 5 =
22 19 − 3 =
23 13 + 2 =

24 9 − 2 =

31

Wie viel Geld ist im Schwein?

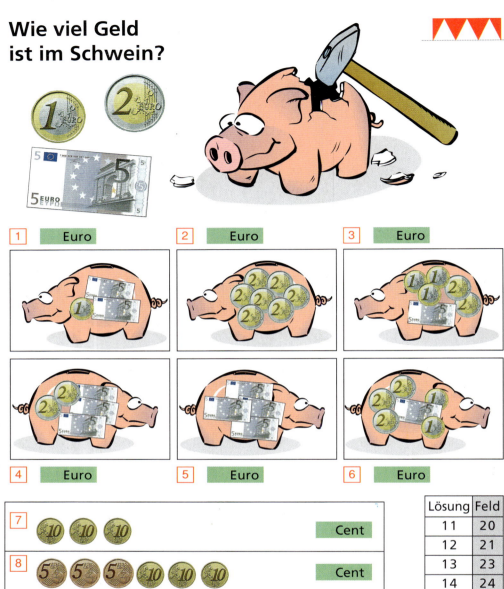

Lösung	Feld
11	20
12	21
13	23
14	24
19	19
20	16
30	18
45	14
55	13
65	22
90	17
100	15

32